筑境

中国精致建筑100

1 建筑思想

风水与建筑
礼制与建筑
象征与建筑
龙文化与建筑

2 建筑元素

屋顶
门
窗
脊饰
斗栱
台基
中国传统家具
建筑琉璃
江南包袱彩画

3 宫殿建筑

北京故宫
沈阳故宫

4 礼制建筑

北京天坛
泰山岱庙
闾山北镇庙
东山关帝庙
文庙建筑
龙母祖庙
解州关帝庙
广州南海神庙
徽州祠堂

5 宗教建筑

普陀山佛寺
江陵三观
武当山道教宫观
九华山寺庙建筑
天龙山石窟
云冈石窟
青海同仁藏传佛教寺院
承德外八庙
朔州古刹崇福寺
大同华严寺
晋阳佛寺
北岳恒山与悬空寺
晋祠
云南傣族寺院与佛塔
佛塔与塔刹
青海瞿昙寺
千山寺观
藏传佛塔与寺庙建筑装饰
泉州开元寺
广州光孝寺
五台山佛光寺
五台山显通寺

6 古城镇

中国古城
宋城赣州
古城平遥
凤凰古城
古城常熟
古城泉州
越中建筑
蓬莱水城
明代沿海抗倭城堡
赵家堡
周庄
鼓浪屿
浙西南古镇廿八都

筑境

中国精致建筑100

福建土楼精华——华安二宜楼

曾五岳 傅宇迅 林冬 撰文 林忠谋 摄影 邹志宜 黄文民 绘图

中国建筑工业出版社

出版说明

中国是一个地大物博、历史悠久的文明古国。自历史的脚步迈入新世纪大门以来，她越来越成为世人瞩目的焦点，正不断向世人绽放她历史上曾具有的魅力和光辉异彩。当代中国的经济腾飞、古代中国的文化瑰宝，都已成了世人热衷研究和深入了解的课题。

作为国家级科技出版单位——中国建筑工业出版社60年来始终以弘扬和传承中华民族优秀的建筑文化，推动和传播中国建筑技术进步与发展，向世界介绍和展示中国从古至今的建设成就为己任，并用行动践行着“弘扬中华文化，增强中华文化国际影响力”的使命。从20世纪80年代开始，中国建筑工业出版社就非常重视与海内外同仁进行建筑文化交流与合作，并策划、组织编撰、出版了一系列反映我中华传统建筑风貌的学术画册和学术著作，并在海内外产生了重大影响。

“中国精致建筑100”是中国建筑工业出版社与台湾锦绣出版事业股份有限公司策划，由中国建筑工业出版社组织国内百余位专家学者和摄影专家不惮繁杂，对遍布全国有历史意义的、有代表性的传统建筑进行认真考察和潜心研究，并按建筑思想、建筑元素、宫殿建筑、礼制建筑、宗教建筑、古城镇、古村落、民居建筑、陵墓建筑、园林建筑、书院与会馆等建筑专题与类别，历经数年系统科学地梳理、编撰而成。本套图书按专题分册，就其历史背景、建筑风格、建筑特征、建筑文化，结合精美图照和线图撰写。全套100册、文约200万字、图照6000余幅。

这套图书内容精练、文字通俗、图文并茂、设计考究，是适合海内外读者轻松阅读、便于携带的专业与文化并蓄的普及性读物。目的是让更多的热爱中华文化的人，更全面地欣赏和认识中国传统建筑特有的丰姿、独特的设计手法、精湛的建造技艺，及其绝妙的细部处理，并为世界建筑界记录下可资回味的建筑文化遗产，为海内外读者打开一扇建筑知识和艺术的大门。

这套图书将以中、英文两种文版推出，可供广大中外古建筑之研究者、爱好者、旅游者阅读和珍藏。

目录

福建土楼精华——华安二宜楼

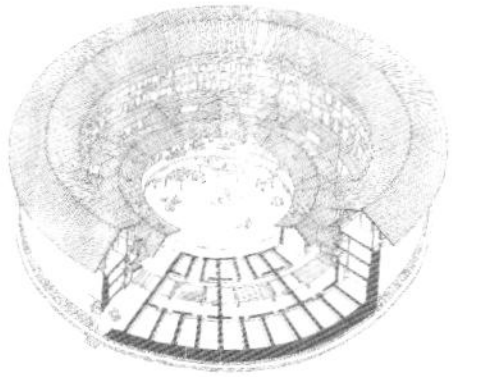

历史人文地理学向我们揭示了一个重要的事实，就是不同的时空经纬，不同的人文习俗，必然会产生各种不同特征的民居。类型相似的民居，常常有一定的地域分布和在一定的时期内流行。中国幅员辽阔，物候悬殊，民俗迥异，民居亦千姿百态，各具特色。如北京之四合院，上海之石库门，西藏之碉房，西北黄土高坡之窑洞，西南边陲之吊脚竹楼……。

令人惊讶的是，在闽西南与粤东莽莽苍苍的群山峻岭间的丘陵与盆地上，至今仍保存着大约几千座高三、四层，每座能住几十户以至上百户人家的庞大土楼，构成了一个神奇的土楼奇观。它使中外学者拍案叫绝，赞之为天上掉下来的“飞碟”，地下冒出来的“蘑菇”，堪称“东方文明的奇葩”。原联合国教科文组织顾问史蒂文斯·安德烈先生曾经誉之为“世界上独一无二，神话般的山区建筑模式。”

奇异的福建土楼，主要有五凤楼、方楼、圆楼和混合型四种形式：

五凤楼集中在永安县，是由中轴线上三堂（前、中、后堂）和两侧横屋围合而成的府第式住宅，屋脊呈后高前低的层层跌落。它源自中原四合院，又凸现自己的地方特色，显示了士大夫的官家尊严与气派。

方楼又称“四角楼”，圆楼又称“圆寨”，大多有十几米高，外面土墙厚实上部开几排细小窗洞，巨大的屋顶出檐，单元式或内通廊式平面布置，中心院落为方形、矩形或圆形。土楼一般

图0-1 直升机上鸟瞰

从空中鸟瞰漳州市华安县仙都镇大地村，群山环抱，绿水中流，谷底开阔，阡陌纵横，一条从县城华封镇通往安溪、长泰、同安、厦门的公路横贯而过，风光如画。二宜楼的确如天上掉下的飞碟、地下冒出的蘑菇。

图0-2 远眺二宜楼

远远望去，二宜楼雄踞大地村盆地正中部位，卓尔不群，挺拔豪雄，俨然是一座威镇山乡的牢固城堡。左侧南阳楼，玲珑隽秀；右侧玄天阁，耸直俊丽，飞檐翘角，相映成趣。

面阔（直径）三、四十米至七、八十米，底层只开一个小小的门洞，外观稳重、庞大、质朴、粗犷，却又十分封闭，充满着奇幻莫名的神秘色彩。幢幢土楼犹如牢不可破的城堡，散布在福建博平南岭山脉两麓的漳州市与永安县的丘陵山坡与盆地上，面积一万多平方公里。在土楼中，最精彩最引人注目的要数圆土楼了。这在漳州约有八百多幢（毗邻的粤东也有少量），在永定县靠近漳州的东部山区约有三百六十多幢。据建筑专家黄汉民先生研究，圆楼较之五凤楼与方楼，具备分配平等、内院空间大、没有角房间、节省建材、构件尺寸统一、屋顶施工简便、对风的阻力小以及抗震力强等八大优点。平心而论，五凤楼、方楼与圆楼各有千秋，各显其奇，各尽其妙，然毋庸讳言，后者比前者确实略胜一筹。混合型则有交椅楼、半月楼、五角楼、八卦楼、风车楼、内圆外方楼等等，林林总总，美不胜收。

二宜楼位于福建省漳州市华安县仙都镇大地村，距华安县城28公里。它以年代之久远、体量之庞大、设计之合理、保存之完好，独占福建土楼之鳌头，被誉为福建“圆楼之王”、“宝中之宝”、“神州民居第一楼”，因此于1991年3月，被定为福建第一座省级文物保护的土楼。

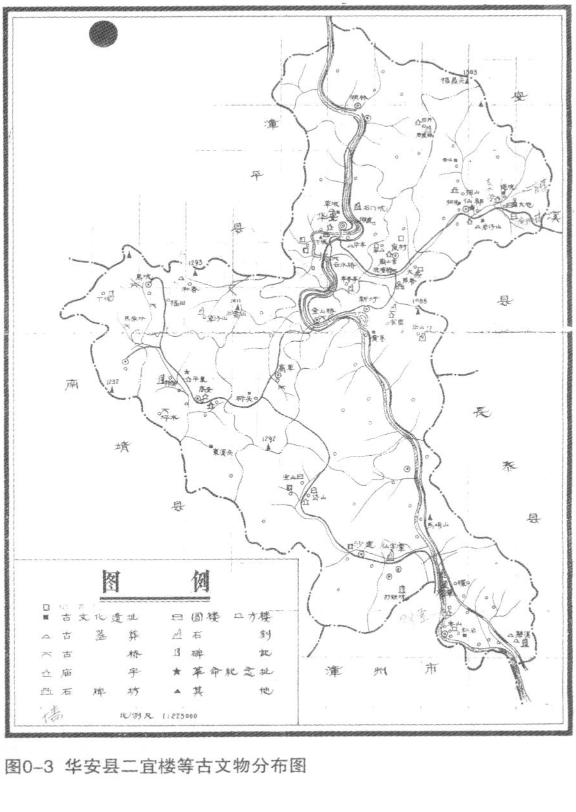

图0-3 华安县二宜楼等古文物分布图

一、土楼之『根』在何方？

福建土楼是地方色彩非常浓厚的地域性文化，应是中原文化与百越文化长期融汇的产物。如今，不论是汉晋先期入闽的福佬民系也好，或者是晚唐宋末姗姗来迟的客家民系也好，都找不到他们从明中叶以前就有土楼这种建筑模式的直接证据。那么，福建土楼之“根”在何方？也就是说它源自何地？起于何时?自然而然是个令人感兴趣的问题。

考之历史，民居文化具有连续性、保守性和变异性、辐射性。由于受政治、经济、地理、民俗等诸多因素的制约和束缚，“前堂后寝”的民居模式可以流传几千年基本不变，而现代福建沿海农村流行的“石头厝”，只需几十年弹指一挥间，便可遍地开花。因而得知民居文化的嬗变与传播，时快时慢，慢的如蜗牛爬坡，快的如骏马奔驰。继承与超越，因循与创新，过渡与脱颖，渐变与突变，都不外乎因时、因地、因人而异，必然具有它自己的发展

图1-1 齐云楼

在沙建镇上坪村岱山上，雄踞小山尖，楼前楼后都是悬崖，台基高5、6米，高二层，底层外墙石砌，二层夯土，大门朝南，东门曰“生门”，婚嫁由此往来；西门曰“死门”，殡葬由此进出。是我国最早的椭圆形单元式的明代圆土楼。

图1-2 升平楼

在沙建镇上坪村宝山自然村，建于万历二十九年（1601年）。楼呈圆形，外环墙以花岗岩条石饰面，中心院落用花岗岩条石排列近乎八卦图案，最奇特的是外环石墙还设有藏兵洞。

规律与逻辑体系。不妨这样认为，民居文化是一种历史人文地理现象。只有特定的历史人文地理条件，才能产生土楼这种神奇的城堡式住宅模式。

让我们先看看历史。

明万历癸酉（1573年）《漳州府志·兵防志》云："漳州土堡旧时尚少，惟巡检司及人烟辏集去处设有土城。嘉靖四十等年以后，各处盗贼生发，民间团筑土围、土楼日众，沿海地方尤多。现列于后：龙溪县土城二，土楼十八，土围六，土寨一；漳浦县巡检司土城五，土堡十五；诏安县巡检司土城三，土堡二；海澄县巡检司土城三，土堡九，土楼三。"这是万历元年漳州府知府罗青霄公布并载入史册的调查数据，具有官方统计肯定的权威性质，且为明末清初三大思想家之一的顾炎武所著《天下郡国利病书》收录，可见其翔实

图1-3 日新楼

在沙建镇上坪村南侧，建于明万历三十一年（1603年），楼主是状元邹应龙的后代。楼呈方形，高踞于南山之巅，四周都是悬崖，外筑楼房，内置祖堂、平屋，前低后高，气派不凡。

图1-4 月升楼

在沙建镇上坪村溪尾自然村，建于康熙二十二年（1683年），原来高四层，后改为三层。楼门朝南，门额石匾勒“月升楼”三字，左勒边款“康熙癸亥年吉月立”，康熙纪年土楼在闽粤土楼中仅此一例。

可靠，毋庸置疑。这是中国史籍上对“土楼”此一名词的最早记载，说明福建土楼的发源地是在九龙江中下游的龙溪、海澄和漳浦一带。而嘉靖二十七年（1548年）以降漳州沿海黎民的抗倭御盗，才是“民间团筑土围、土楼日众”的真正契机与主要动因。

福建以至粤东一带的土楼遗址，现存始建年代最早者当推漳浦县绥安镇马坑村田野上的一德楼。一德楼是一座内方外圆的三合土夯筑土楼，历经四百多年的风雨侵袭，1943年又遭侵华日机的轰炸，但主楼墙体保存尚好，尤其是门额镌刻“嘉靖戊午年季冬吉立”二行纪年款，说明其始建的绝对年代在嘉靖三十七年（1585年）。此前此后，正是倭寇海盗蹂躏漳州，“民死过半”、“闽中之乱未有如嘉靖末年之甚，而在漳尤甚”的血雨腥风年代。面对凶残无比的倭寇土贼，沿海殷实之家首创高大稳固、牢不可破的土楼以自卫，正是中华民族自强不屈的伟大精神的物化与表征。建筑文化是民族的象征，社会的缩影，历史的见证，

图1-5 南阳楼

图为蒋士熊四房孙蒋孝所建的南阳楼，楼系嘉庆二十二年建成，直径比二宜楼短20多米，分为4个单元，每单元由外环7开间内环五开间的扇形平面组成，为福建圆土楼中唯一的实例。

图1-6 雨伞楼

在华安高车乡洋竹径村的深山里，雄踞于海拔920多米的山顶上，内环二层，立于山尖，外环依山跌落，须经陡崖如梯石径方能登临。远远望去，犹如一把撑开的雨伞，别致得很。

民魂的结晶，于此可见其一斑。换一句话说，土楼之魂也就是民族之魂，其历史文化价值必然要超越建筑本身，超越时空，而具有天风猎猎、群山巍巍般的巨大精神力量，垂青史以至永远。

图1-7 文祥楼

在沙建镇上坪村西北侧，建于乾隆五十年（1785年），比二宜楼晚建成十一年。楼高三层，直径约50米，与客家土楼相似，二、三层均有宽敞的内通廊，只不过开间均以土墙承重。

华安县古属龙溪县。据上述《漳州府志》记载，华安区域内当时已有埔尾、丰山、汰内西坑、上坪、归德上村、华封、西坡、宜招等八座土楼，占整个龙溪县土楼的三分之一强。由此可证，地处九龙江中游的华安是福建土楼的发源地之一。

岁月悠悠，沧桑几度，由于清初“迁界”（“迁界”为清政府于顺治十八年至康熙十九年实行的强迫沿海30—50里人民迁往内地的政令，目的是对抗郑成功父子政权，结果惨绝人寰，界内为墟）以及其他种种原因，今之龙海市（原龙溪、海澄县）沿海平原土楼近乎绝迹，而点缀于华安青山绿水间的明清土楼仍保存几十座。诚然，华安土楼不及永安、南靖、平和、诏安山区土楼的众多与壮观，但动人春色不在多，而在于它有客家土楼所缺的明季土楼以及明清时期纪年土楼。纪年土楼的历史价值与学术价值，无疑是重大的，因为它是铁证而不是推断，是绝对准确而不是糊里糊涂。例如，沙建镇上坪村这个小区域内原有土楼十六七幢，现仍保存明万历十八年（1590年）、二十九年（1601年）、三十一年（1603年）、康熙二十二年（1683年）、乾隆五十年（1785年）和同治四年（1865年重修）等六幢明清纪年的土楼，在全国是绝无仅有的。在这“万历三楼”中，齐云楼是我国最早的椭圆形单元式土楼；升平楼外砌石墙饰面，中心院落以条石铺成近似八卦图案，最奇特的是外围石墙中还设有藏兵洞；日新楼雄踞南山之巅，外围楼屋，内置平房，前低后高，方楼前后左右都是悬崖，翠竹掩映，深蕴秀美。除上坪而外，华安县还有建于万历二十八年（1600年）的磜头济安圆楼，崇祯六年（1633年）的石墙饰面的绵治方楼，嘉庆二十二年（1817年）二宜楼肇基祖蒋士熊的四房孙蒋孝建造的南阳楼，光绪三年（1877年）由上坪迁来的郭姓建造的高车乡洋竹径德星楼等，都是别树一帜、异彩纷呈的。如南阳楼外环高三层，内环一层，直径51.6米，由四单元外环七开间内环五开间扇形平面组成的圆楼，是福建单元式圆楼中仅存的一例。雨伞楼位于洋竹径海拔九百多米的深山顶上，内环二层，立于山尖，外环顺应山势跌落，远眺其黄墙黑瓦，宛如一把撑开的雨伞，而四周山谷环绕，苍松拥翠，泉水叮咚，云雾缭绕，给人一种登临蓬莱仙境的感觉。总之，要研究福建土楼发展史，就非到华安考察纪年土楼不可，华安土楼的重要意义也就在于此。

二、二宜楼肇基祖的风水观

二宜楼作为封闭型家族聚居空间形态，有其与众不同的大封闭环境与小封闭环境，影响着它的选址与总体设计布局。

华安县位于国家历史文化名城漳州的西北部，东经117° 17′ —117° 40′ ，北纬24° 38′ —25° 11′ ，旧名华封，为龙溪县之二十五都。北拥戴云山，西倚博平岭，九龙江纵贯县内107公里，高山峻秀，一川中流，怪石嵯峨，滩濑奇险，自龙头岭（一名华封岭）以上舟楫不通。宋本邑进士杨汝南诗云："江流如箭路如梯，夜泊龙头烟霭迷。两角孤云天一握，晓来不觉玉绳低。"当年徐霞客路过华安，亦惊叹其关山险阻，风景奇绝。仙都镇，在华封之东，总面积140.5平方公里，群山环抱，溪涧纵横，海拔高程330米，年平均气温21℃，四季如春，雨量充沛，物产丰盈，风光旖旎。古代交通极为不便，清顾祖禹《读史方舆纪要》云："龙头岭高千尺，垒石以梯

图2-1 仙都镇全景

仙都镇位于华安县东北部，群山环抱，绿水长流，古代交通闭塞，地旷人稀，现有公路通漳州、厦门、安溪、长泰。全镇13个行政村，2.7万多人，旅居海外"三胞"1万多人，是山明水秀、富饶美丽的乡村小镇。

图2–2 大地村全景

大地村位于仙都镇东部，与安溪县龙涓乡毗邻。背靠蜈蚣山，左拥“达摩岩”，右倚“卧虎台”，远对九龙山主峰，近处龟蛇二山朝拱于前，小溪秀出，水口闭合，宛如“世外桃源”。

图2–3 公孙楼/后页

二宜楼落成于清乾隆三十九年（1774年），创建者蒋士熊；南阳楼建于嘉庆二十二年（1817年），创建者系士熊之孙蒋孝，故名“公孙楼”。两楼一大一小，遥相呼应，相得益彰。

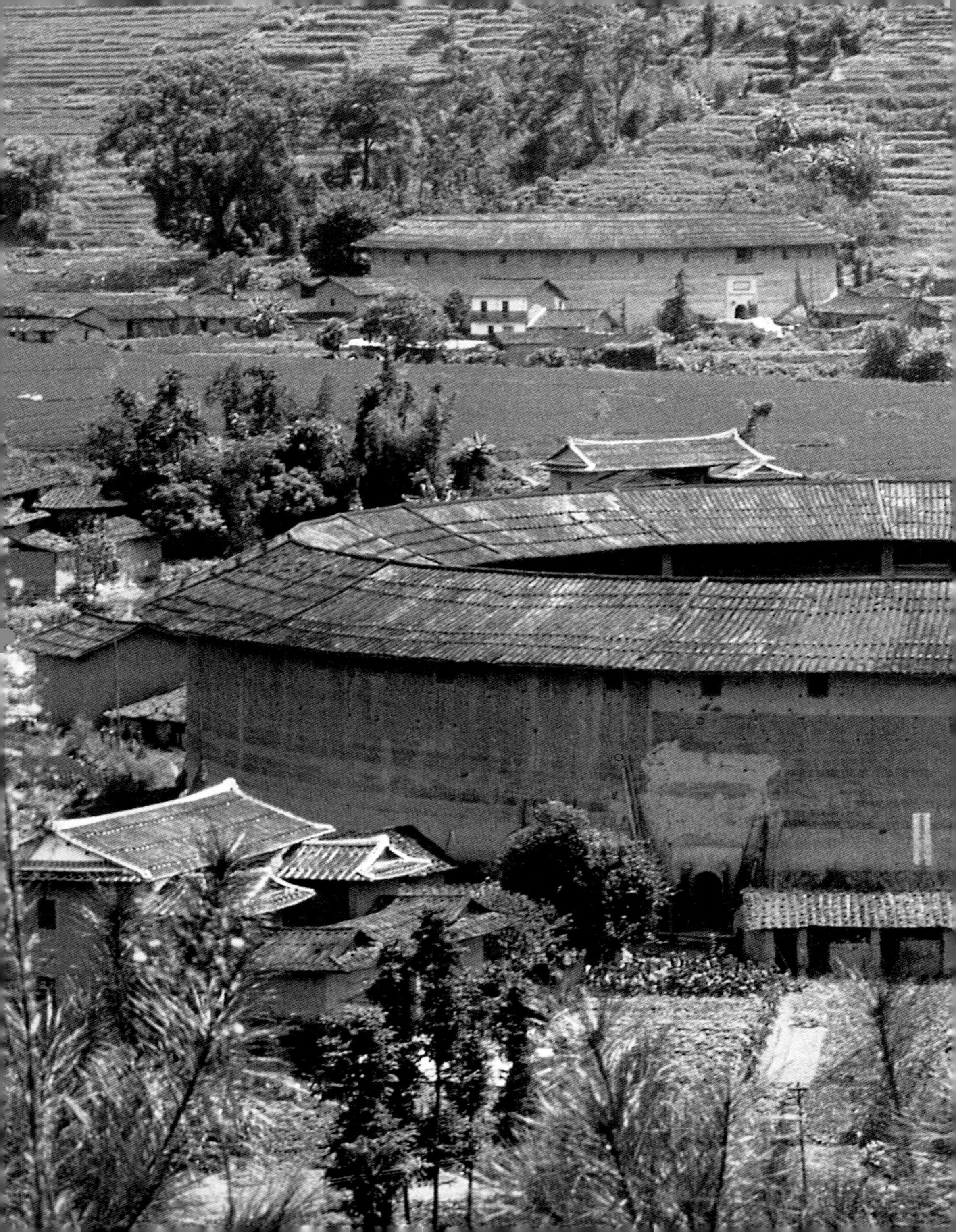

图2-4 玄天阁
玄天阁建于清雍正十三年（1735年），为二宜楼肇基祖蒋士熊创建。阁高二层约12米，上覆黄色琉璃筒瓦，正脊鸱吻高张，饰以双龙戏珠的彩瓷剪贴，梁柱彩绘花鸟走兽，绚丽夺目。

图2-5 玄天上帝神像/对面页
玄天上帝，华安仙都俗称“上帝公”、“上帝爷”、“帝爷公”，指道教四方四神的北方水神。大地村玄天阁中玄武神像，左手撑腰，右手执剑，两足踏着龟和蛇，相貌堂堂，一身帝王形象。

行人”，“上下皆当逾岭”，外人很难进入，说它是“仙都”，即神仙聚居之都会，的确并不过分。郑丰稔《民国华安县志》云：“华之为邑，龙溪之脱瓯也。其水土肥沃……农耕足以自给，故副业少而游手多。且山深林密，溪流险恶，易于藏奸。清乾隆时，移县丞于此，然，官卑职小，其足资控制乎？！”可见，大封闭的自然环境，因循疲软的封建官僚统治以及特殊的人文习俗，逼使二宜楼的主人去建造超重量级的生土楼。

大地村在仙都盆地的东侧，又是一个四面环山的小封闭环境。这里山岭烟雾腾绕，草木葱茏，清泉甘洌，土腻石润，被古代堪舆家称之为“生气行于地”、“主象根基浑厚而绵长”，实际上也就是生态平衡良好，自然是有利于居住的风水宝地。试看巍巍楼后山，脉自佛女尖，峰起杯石岭，逶迤起伏

数十里而来，势如巨浪，状如蜈蚣，至此跌落成谷。谷底平缓开阔，阡陌连绵，翠竹婆娑，风景秀丽。二宜楼与青山相配，形同“蜈蚣吐珠”。楼前左侧山名“达摩岩”，蜿蜒前伸，宛如龙蟠，威而不猛；右侧山名“卧虎台”，扭曲相抱，虎伏神附，秀而多姿。楼门远对九龙山主峰，叠嶂三重，如幔如屏；近处低矮的龟蛇二山朝拱于前，芳林拥翠，如台如案。左右两侧，溪涧潺潺，汇合在楼前，玉带萦回，明水暗去，水口闭合，胜似金瓯。二宜楼的环境空间启闭，界限标定，完全具备了中国风水学上所谓屈曲生动、端圆体正、均衡界定、和谐有情、气盈风藏、一局自然的艺术形象和来龙去脉归局归无的法度。怪不得二宜楼主人会在四楼祖堂上兴高采烈地写下如此这般的楹联：

倚杯石而为屏，四峰拱峙集邃阁；
对龟山以作案，二水潆洄萃高楼。
派承三径，裕后光前开大地；
瑞献九龙，山明水秀庆二宜。

所谓二宜，即隐喻宜山宜水、宜家宜室、和气温馨、裕后光前之意。得意之情，溢于联表。由此可见，二宜楼的选址和总体设计正是遵循着中国传统的风水理论：一切力图同地理环境保持高度的和谐一致。因山势走向，二宜楼正门朝西，这样视野开阔，有利于防卫，也有助于防风御寒。不过，此地夏季多吹东南风，而坐东朝西，难免闷热，不能不说是缺陷，为防暑去湿，遂增开“挹薰”、“拱辰”

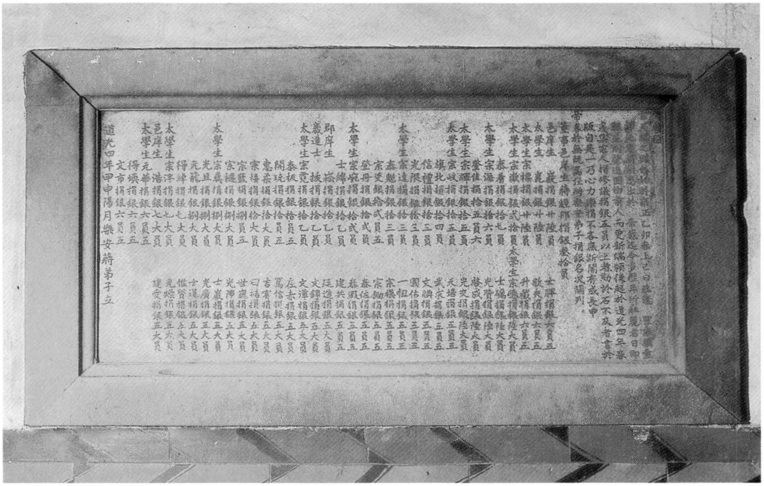

图2-6 游龙藻井/上图

仰望玄天阁梁架藻井，斗栱盘旋，顶盖浮雕一条金龙，龙首向下瞰视，恰似蛟龙狂舞，大有翻江倒海之势。藻井之下，雕梁画栋，富丽堂皇，极其精美，身临其境，崇敬肃穆之情油然而生。

图2-7 碑刻/下图

此碑立于道光四年（1824年），系记录蒋士熊后裔重修玄天阁捐资花名的碑记。由此碑可以看出，蒋姓历代人丁兴旺，并且注重教育，人才辈出，其中仅道光初年就有太学生共13人。

图2-8 楼内全景/前页
站在四楼上鸟瞰楼内景色，只见通高16米的外环楼雄伟壮阔，内环屋低回婉转，中心院落中晒谷的簸箕排列有序，犹如八卦阵图，给人一种走进罗马斗兽场或罗马大剧院的美妙感觉。

两个边门以弥补之。蒋士熊还别出心裁，建造一座玲珑剔透的玄天阁于右前方卧虎台上，形成左拥达摩寺，右倚玄天阁，左右照会，均衡体正，天地神人和谐统一的组群建筑布局。于是仙都盆地的大地理环境和二宜楼周围的小地理环境的围合感便融汇在一起，使人、建筑、自然、社会浑然一体，体现了古代建筑大师顺应自然、利用自然、改造自然、美化自然的非凡功力。

二宜楼矗立在理想的居住环境中，卓尔不群，挺拔豪雄，通高16米，墙面斑驳，一身布衣，淡而不俗，艳而不媚，虽无珠光宝气，倒也有本色的美质。它那浑圆的造型，意味着完满和终极确定，给人以平衡感和控制力，具有一种掌握全部生活的力量。它那耸拔直立的高墙，显得伟岸、崇高，给人以一种涌动向上的感觉。从楼内看上去，圆圆的蓝天，似乎伸手可触，朵朵的白云，似乎招之即来，楼像

图2-9 窗口远眺
土楼背靠蜈蚣山，遥对仙都墟，近倚玄天阁，旁带南阳楼。远处层峦叠嶂，龟蛇二山芳林拥翠，近处阡陌纵横，竹影婆娑，左右两条小溪在楼前汇合，蜿蜒前去，田园风光如诗似画。

图2-10 华安二宜楼大门速写 （邹振荣 绘）

蓬莱仙阁，人像天之骄子，古代“天人合一”的哲学思想体现在楼中，体现在二宜楼肇基祖蒋士熊以“天地为庐”的宇宙观中。一个大门和两侧边门，把全楼一分为三，尽得老子所谓“一生二，二生三，三生万物”的古典哲学。十二单元的倍数即罗盘的二十四山，加上三个门洞和一个祖堂共四个开间，正好与盘上的“二十八宿”天象吻合。处于南北轴线上两侧的两口古井。象征八卦图上的两仪（鱼眼），因“仪”、“鱼”与“余”字谐音，遂寓有“阴阳和合，年年有余”之意。楼外溪水、流金涌银，意味着“财源广进”；水口闭合、蜈蚣吐珠，预示着“聚气生财”；而“表为防、里为居；威于外、柔于内”的空间组合，则体现“蒋百万”的卫财保安原旨。各单元门户错开的布局，规避了《八宅明镜》所云“二门对，为相骂；三门对，家必退”的民俗意念。由此而烘托出这样的建筑主题与情调设计：岁序有更替，同舟须共济，瑞气萃高楼，二宜庆安居。

二宜楼创造了一个宏大完整而又与周围景色水乳交融的艺术结构，是闽粤一般土楼所望尘莫及的。人住在楼中，神与物游，思与景谐，花晨月夕，溪声鸟语，山歌俚曲，相和成趣。其借自然之胜景，得山水之灵气，著历史之鸿篇，存中华之瑰宝，真正是楼居如诗如画，山川如醇如醪，妙景如梦如幻，怎不教人如醉如痴！

三、固若金汤，聚族而居

据大地村蒋氏族谱记载，始祖蒋景容于嘉靖四十四年（1565年）因避倭祸，由海澄县鹅养山迁到大地村肇基。万历癸酉《漳州府志》已提到此地有宜招土楼，是否蒋景容所建，无从稽考。二宜楼肇基祖蒋士熊系蒋氏第十四世孙（1677—1743年），为人刚直勤奋，早年榜列太学生，以建大圆土楼为终生志愿，年轻时买下楼基这一大片土地，便着手改溪道近五百米，平山整地，搬走一座小山头。到晚年积巨资"百万"，鸠工建楼，惜乎工程初见规模，不幸身先去世。继由六个儿子承志续建，方才于乾隆三十九年（1770年）竣工。前后历时三十五年，因工程浩大，举步维艰，可见建大圆土楼难，建超级豪华型大圆土楼更难。一要雄厚财力，仅木材一项就得九百多立方米；二要超越传统，大胆创新；三要远见卓识，学识渊博；四要精心设计，精心施建；五要有毅力，敢于向困难发起挑战，不因父遽亡而楼毁，缺一篑而功亏。可以说优秀民居是人类意志的体现，力量的象征，智慧的结晶，创造的强音。

令人惊叹不已的是，堪称福建土楼杰作的二宜楼，在总体设计上具有与众不同的"三性"：

前瞻性：二宜楼高4层，直径73.4米，占地十余亩，均匀分12个单元，六个儿子各分两套单元住宅，每户使用面积近1000平方米，十分宽敞舒适。之所以如此气派，是因为蒋士熊一生淡泊惟遗爱，前瞻未来几十代。总览福建

图3–1 隐通廊

在外环楼第三、四层交接处，把墙体一分为二，外以0.8米夯土墙承重，内以板壁与各户分隔，又以一扇小门与各户相通，这种防卫构造独创，为福建其他土楼所无。灯龛为夜间照明之用。

图3–2 内景一角/后页

外环楼各单元的纵横墙都以泥土夯筑，直接起着承重与分隔的作用。内环屋顶的飘带也高砌如女儿墙。这样，不但隔成各自天地，私密性增强，而且起到很好的防火防震和隔声御寒的作用。

图3-3 吊井
从二层到四层的楼板上，都开了一个上下对齐的方形小口，平时盖上活动楼板。打开活动楼板便成了上下通透的竖井，可上下吊运东西，节省跑楼梯时间，显得方便快捷，十分巧妙。

土楼的数量的确不少，但真正高质量的建筑并不多。普遍居民拥挤，人畜混杂，人文景观匮乏，卫生条件很差，至今大多数土楼已残破不堪，岌岌可危。唯独二宜楼与众不同，在设计建筑时就为百十年后子孙各种生活需求而预先考虑周全，现有住户34户170多人，仍然按照当初设计的功能使用，没有任何搭盖、改建，而且保存得非常完好，干净舒适，楼内充满欢乐温馨的生活气息。这不能不归功于其先祖的远见卓识。

合理性：在人类认识世界的长河中，一切都是相对的，并非存在就是合理，合理性寓于比较之中。家庭是社会的细胞，生命的依托，人居空间情调设计追求私密性、生活感、个体化，乃人之常情，理之所需。福建圆土楼主要分为内通廊式和单元式两种，前者开放有余，封闭不足，木构承重，最怕火灾，后者过于隔绝，一有敌情，各自为战，防卫不利。二宜楼

图3-4 传声洞

当起楼砌筑台基时，每一个单元都设有一道“之”字形的传声洞。其用途是楼内人深夜晚归而楼门已紧闭时，可喊自家人来开门。图为蒋承侨先生之母、91岁的林柳金老大娘向她7岁的玄孙女蒋君兰讲述当年隔墙喊话的往事。

既属单元式，又兼有内通廊式的优点，四楼上各户都有一扇小门暗通附于外环墙的隐通廊，有通有隔，隔中有通，这就是它的独特与超群。

周密性：防卫功能是土楼建筑的第一需要，二宜楼对此在总体设计上十分讲究。例如，砌石为基，夯土为墙，底层墙厚2.5米，厚度居福建土楼之冠。外环墙往上渐次收分，至三层顶部一分为二，墙体一半约1米宽作为贯通全楼的隐通廊，每家设在板壁上的后门均与此相通，防御时可协同作战；另一半宽约0.8米为四楼外环墙承重，上开内窄外宽便于射击的楔形窗洞（一至三层不开窗），窗洞之间的墙体内侧设灯龛，以便夜间照明。大门与南北边门都设双重硬木门板，外封铁皮，内顶门闩，上设泄水漏斗，以防火攻。每个单元的底层外环墙都设有一个传声洞，这个传声洞是“之”字形的，在建楼砌石基时就预先设置好，这样

图3-5 秘密通道

土楼靠北设一地下排水沟，上盖花岗岩条石，可通楼外小溪畔。图为蒋士熊的第九世孙、年过古稀的蒋承侨老先生告诉我们：“紧急时掀起几条长石板，趁夜色漆黑，人可从这里逃出。”

图3-6 枪眼/左图

防卫是土楼人家保卫生命财产安全的第一需要。二宜楼的防卫设施构思独创，其周密性、科学性居福建土楼之冠。在四层隐通廊上，相隔不远就设一个楔形枪眼。图为楼中青壮年在模仿放鸟铳。

图3-7 洋炮弹孔/右图

1933年农历五月，侨眷蒋位申派人杀害土楼族长蒋清炎及其次子金狮，清炎长子金鱼勾结安溪著匪詹方珍率部围攻二宜楼两个多月不克。图为詹方珍用小平射炮轰击四楼泥墙的弹孔遗迹。

声音可以传入，而箭镞却射不进去，且洞口细如裂隙，也不易被外人发现。当楼内人深夜晚归而楼门已紧闭时，可喊自家人来开门。此外，楼内靠北还设有暗道，平日是下水道，危急时可撬起盖在暗道上的长条石板，人从此处逃出。在二至四楼的楼板上，还开了上下对齐的方形小口，掀开方形小口的活动楼板便成了垂直吊井，可提食物、弹药直接上楼，节省上下楼梯时间。像这样周密、巧妙、精湛、实用的民居建筑总体设计，竟出现在距今二百年前雍乾之际的华安山区，足见泱泱中华大国，地灵人杰，建筑文化已臻极高水准。

二百多年来，二宜楼历尽沧桑。民国初年的华安境内，阴霾密布，土匪横行。邻县安溪匪首杨汉烈、吕振山、詹方珍时来仙都抢劫杀戮，惨不忍睹。本村族人，警惕匪情，一旦侦知股匪将至，立即扶老携幼，牵牛载物进住楼内，楼内人家腾出房间，热情接待，楼门旋即紧闭，严密防卫，固若金汤，楼中最多时曾住上八百多人。待到风平浪静，土匪撤走，逃难者才离楼回家，故二宜楼有“防匪堡垒”之誉。当地百姓还有句口头禅：“土匪不用怕，土楼是靠山。”

谁知天有不测风云。1933年农历五月十六日深夜，本村归侨蒋位申侦知二宜楼劣绅蒋清炎暗中通匪，为民除害，密派手下李金木、蒋托，秘密杀死蒋清炎及其次子金狮。其长子蒋金鱼勾结著匪詹方珍率部围攻二宜楼，位申组织自卫队固守，土匪用小平射炮猛轰，炸死位

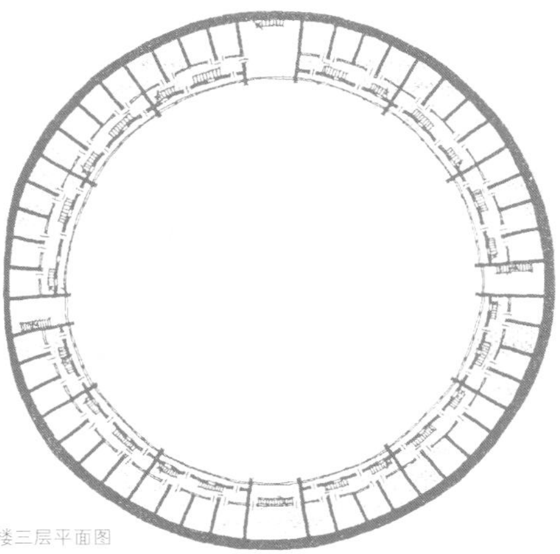

二宜楼三层平面图

二宜楼四层平面图

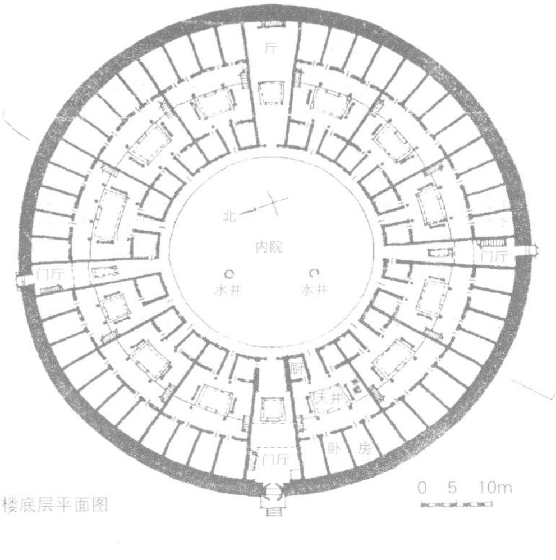

二宜楼底层平面图

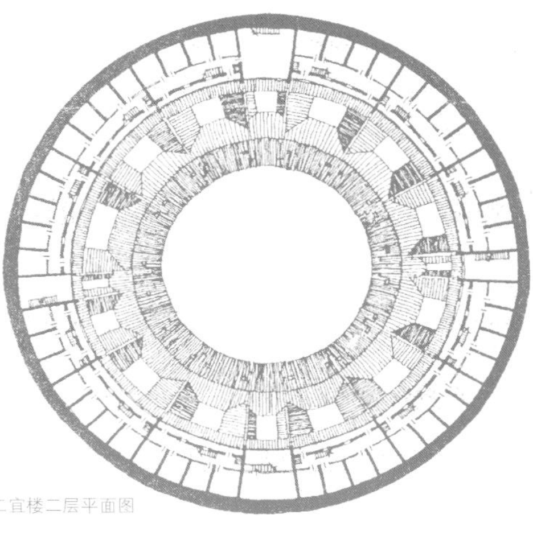

二宜楼二层平面图

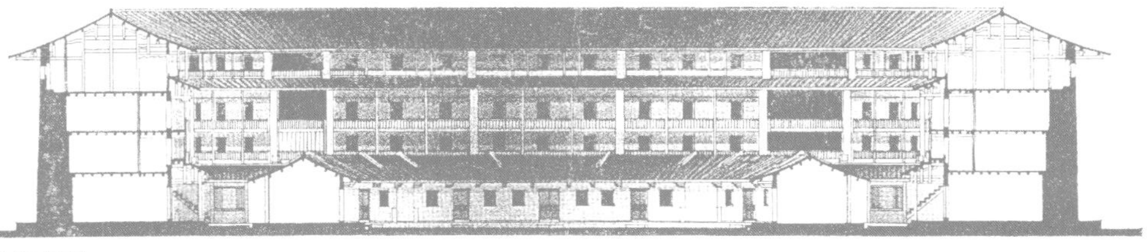

二宜楼剖面图

图3-8 二宜楼平面、剖面图（黄汉民 绘）

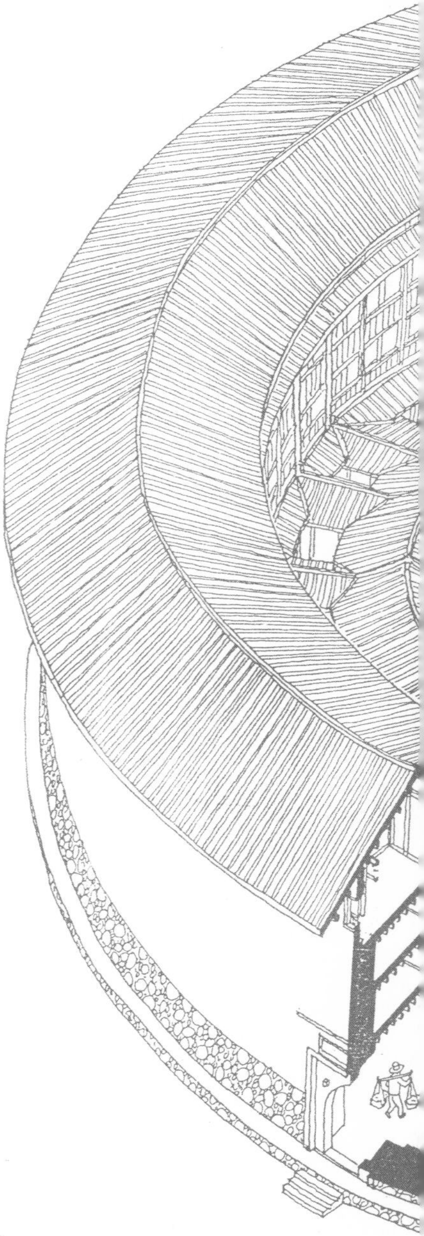

图3-9 二宜楼剖切面图

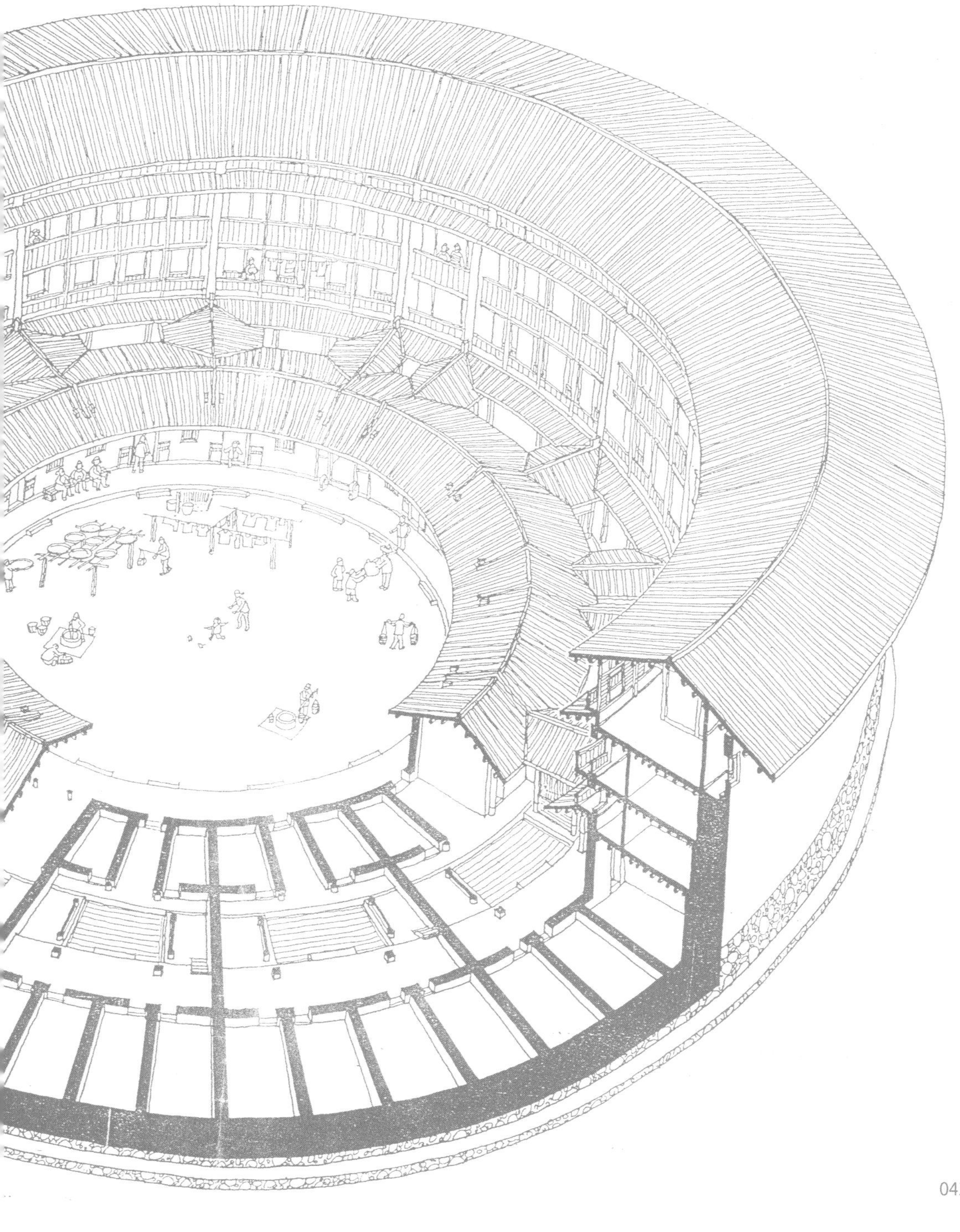

申之妻汤行菊。如今四楼外环墙上还留下两个大弹孔，就是土匪攻楼的罪证。三日后，楼内的“神仙枪手”李金木开枪打死詹匪的“万能炮手”詹百曼，报了一箭之仇。这个绰号“詹老鼠”的匪首见围攻二宜楼两个多月不克，遂勒索白银数百元，并洗劫大地侨属汤川一家财物而退。蒋位申也远渡印尼去了。本来，二宜楼是雍正末叶为抵抗刀枪及鸟铳而设计的，谁知一个半世纪后，却经受住洋枪洋炮的严峻考验，其设计和建造之优秀是不难想象的。

四、一个有组织的小社会

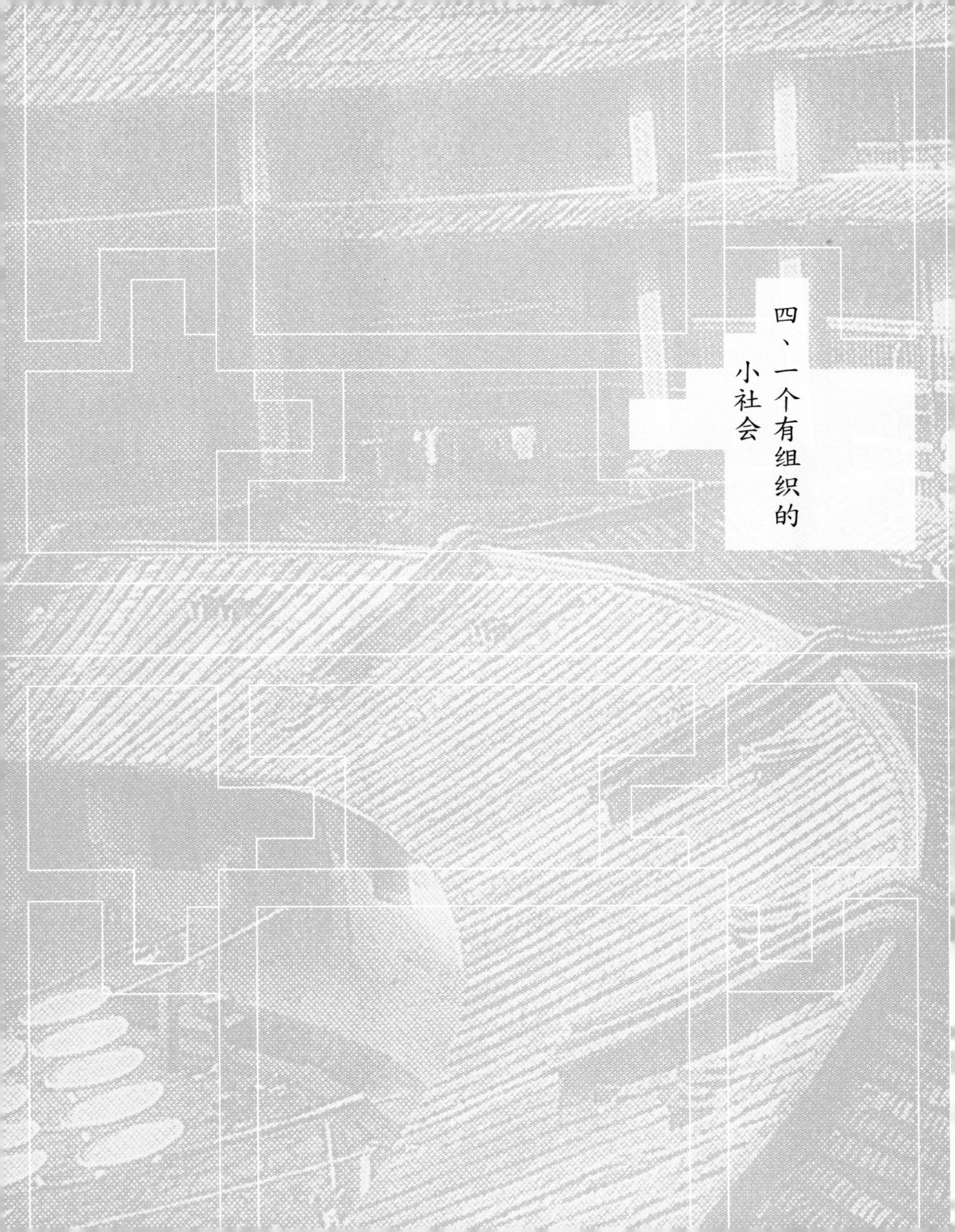

福建土楼的最大特点是聚族而居，共享天伦之乐。在古代，大多土楼并非同村同族之人出资共建，而是一户独资建造。随着岁月的流逝，生齿日繁，世世代代分家，住在楼内的人，互相间既是宗亲，又是邻里关系。由于社会关系不同，地位尊卑，人多嘴杂，难免唇齿相交，矛盾激化时还可能同室操戈，兄弟残杀。上述蒋位申与蒋清炎父子间兵戎相见就是明证。因此，楼内人家加强内部团结，化解矛盾，制定楼规民约是完全必要的。也就是说，为避免一盘散沙，必须组织起来。

华安磜头村形势险要，扼高安、高车、绵治三乡交通之枢纽，明季过往商旅甚众，其间良莠掺杂，磜头村曾经被剽掠过。为保境安民，当地富户童衡台（1575—1638年）于村口龟山上构筑三层圆土楼，以俯瞰路口，加强监护，并命名为“济安楼”。当年其制定的楼约，是十分难得的宝贵史料。全文如下：

磜头社济安楼会盟同立约序

本社同立约人家长童鄂轩、参云、翌轫、怀陆、灿斗、中在、钦所，乡长郑心华、魏碧员、詹振子等为约束本楼以防寇盗事：

兹因流劫弗戢，剽掠乡都，思所以防御之术，而恐人心不一，乃集众共推震升为楼长，又推若彩、三郎、愚仲为楼副，又推生员二人太乙、岵思或有公务当官，谊应出身共理。凡楼造作固守之事，听长、副处置科派，各宜同

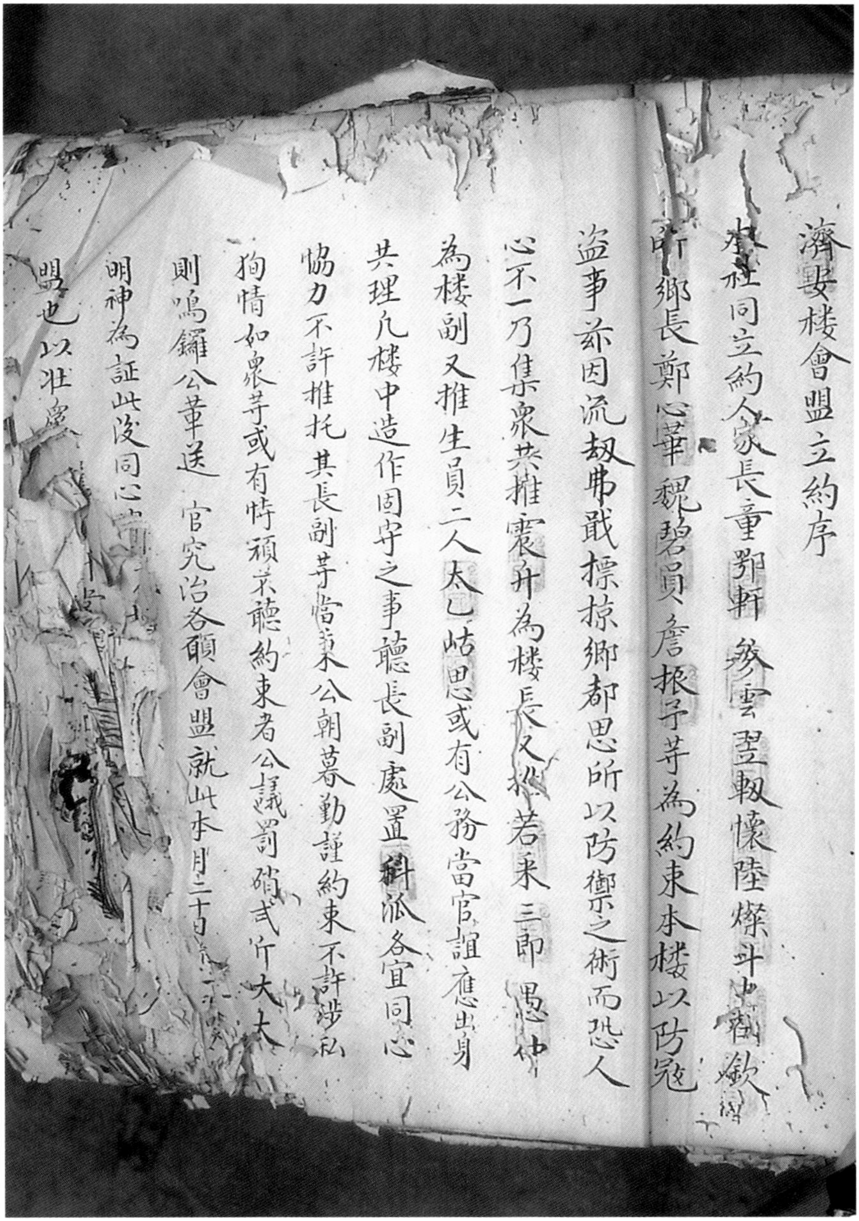

图4–1 济安楼约

图为华安县高车乡磜头村济安楼童氏族谱所载的楼规民约，立于崇祯十七年（1644年）。说明华安土楼与众不同之处是设有楼长、楼副及厘定处罚等级，确是一个有组织的小社会心协力，不许推托。其长、副等当秉公朝暮勤谨约束，不许涉私徇情。如众等或有恃顽不听约束者，公议罚硝二斤，大（罪）大则鸣锣公革，送官究治。

各愿会盟，就此本月二十日恭请本庵明神为证。此后同心协力者，神其佑之；违者神其殛之。为是盟也，以壮众情云。

岁崇祯十七年甲申正月谷旦立。

震升 书

此一楼约给我们传递了许多重要的历史文化信息：第一，“因流劫弗戢，剽掠乡都，思所以防御之术”，说明建楼守楼、保境济安是百姓生存与安全的第一需要。第二，由乡长出面，召集济安楼内各家长会盟立约，具体规定了楼长及居民的守土之责，并厘定了处罚等级。尤值一提的是“恃顽不听约束者，公议罚硝二斤”，迎合了楼墙遍布枪眼的防卫需要。可谓“罚之于民，用之于民”。只有对严重违约者方才鸣锣游村，开除楼籍，不准入祖祠家庙以至“送官究治”。第三，集众公推楼长、楼副主持日常防务，凡秀才或“有公务当官者”也应“出身共理”，说明土楼人家并非一盘散沙，各人自扫门前雪，而是一个有组织的小社会。第四、集众立约，请神祝愿，反映了乡、族、楼长乞灵神威的用心良苦，显示了政权、神权和族权的三位一体。说土楼是历史文化的载体，的确一点也不过分。

图4-2 夜间看彩色电视节目

夜间的山村静悄悄，但土楼人家并不寂寞。每逢夕阳西下，华灯初上时分，家家户户开始了充满温馨祥和气氛的夜生活。图为一户全家人祖孙四代坐在三层的内通廊上观看卫视节目。

举一反三，华安二宜楼也不外如此。清代、民国时期，它也曾有楼长、甲长和族长，由他们管理协调楼内事务。农业合作化时，楼内分多个互助组和农业生产合作社，公社化时组成两个生产队，这些组长、队长既管理生产又管理楼内生活。土地承包后，八仙过海，各显神通，虽设立居民小组，然族权已不存在了。不过，楼内事务还是听从辈序高、德高望重的所谓“土楼公”吩咐。当然，全村上下总是把土楼当作祖宗遗留下来的一份宝贵财产而加以万般珍惜。正因为如此，如今它才能完好地得到保存。这恐怕是二宜楼在管理上的独到之处。

五、浓郁的艺术氛围

图5-1 二宜楼匾
二宜楼正门门额石匾，勒刻每字40厘米见方的“二宜楼”三字楷书，近赵体而无柔媚之态，类瘦金体又见圆润劲拔，以宜山宜水、宜室的寓意和秀丽的笔触而被收入《中华名匾》一书中。

建筑是时空艺术、视觉艺术、造型艺术。圆土楼是艺术的载体，艺术的结晶，但不是所有民居都能称为艺术品。只有审美层次上的上乘之作，才能称得起完美的艺术和超群的艺术品。

二宜楼主人刻意用艺术语言，如统一、对称、均衡、对比、比例、节奏、序列、韵律等，去营造如诗似梦的意境，为中外建筑专家所折服。

外实内静：厚实、高大、牢固、稳重的外环墙，阻隔了公路上汽车、过往商旅的嘈杂声，楼内人家又自成与紧邻分隔的生活空间，保持着安宁静谧的气氛。

内外通透：楼内人家的室内外空间，彼此渗透，互相沟通，有通有隔，隔中露空。隔扇窗门既可通风采光，又使室内光线柔和。倚窗外望，透过装饰图案的窗格可以看到室外的

图5–2 “拱辰”题匾/上图

“拱辰”二字，勒于北门门额，以志朝北，左勒边款“清乾隆庚寅岁”（1774年），右刻“葭月立”，字体近似行楷，苍劲有力，落笔干净利落，一气呵成，大有名家风范、书家手笔。

图5–3 “挹薰”题匾/下图

南门门额石匾勒“挹薰”二字，以示嘉迎南风，同北门石匾一样，左勒边款“清乾隆庚寅岁”，右刻“葭月立”，与正门、北门题字出于同一手笔，传说是民间塾师苦练三年而成。

楼内景色，黑色的屋顶与腰檐，圆形的蓝色天空，弧形的规整楼房，晾晒在回廊外随风飘动的五颜六色衣服，内环屋顶袅袅上升的青色炊烟，仿佛有一种走进罗马大剧院的美妙感觉。

虚实相生：内环楼房为实，中心庭院为空；"透天厝"为实，扇形天井为空；四楼板壁为实，隐通廊为空；窗棂为实，窗格为空。空灵与实体相辅，诗情与画意共生，虚实掩映，处处有情。

刚柔相济：直线为阳刚，代表果断、坚定、有力；曲线为阴柔，代表灵活、妩媚、运动。圆土楼外观凝重、厚实，似乎阳刚有余而阴柔不足。二宜楼辅以拱券顶石门、圆形屋顶、环形楼厝等，以柔济刚，使刚柔并茂，仿佛整座楼上下左右的直与曲线条都在盘旋与飞动。人们常把圆土楼喻之为"凝固的舞蹈"，因为舞蹈的旋转与举手投足，几乎都是圆的。

图5-4 正面内景
从这幅正面内景，可以看出二宜楼建筑的气势磅礴，装饰的精巧华丽，远处的层楼与近处的悬鱼、栏杆，层次分明，疏密有致。粗犷与精巧，重复与变化，高仰与低俯，统一与对称，无不尽善至美。

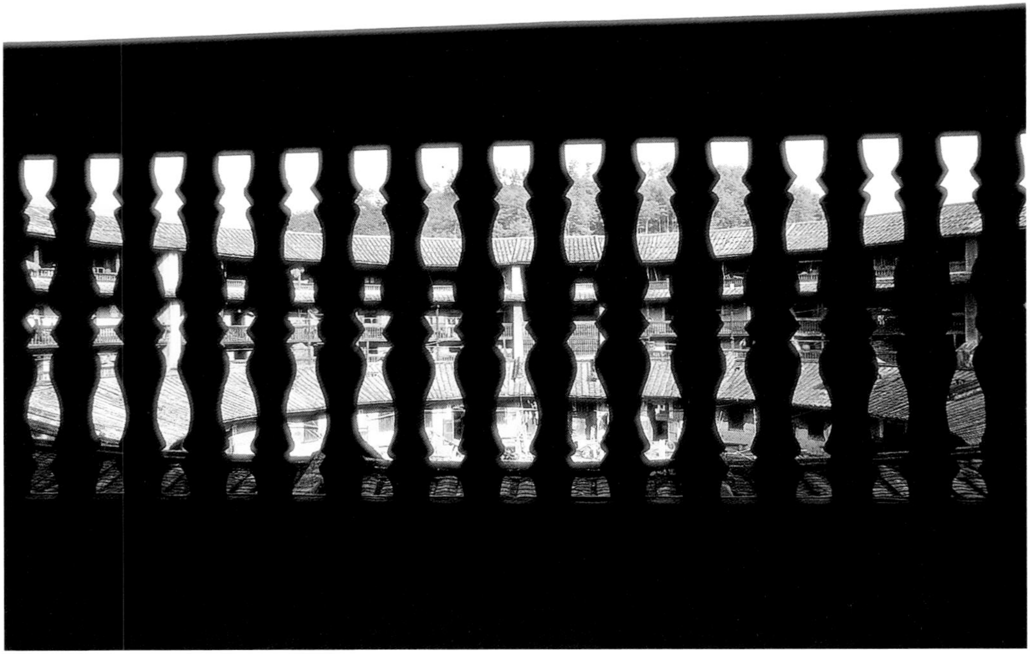

图5-5 宝瓶式木栏杆

透过宝瓶式装饰的栏杆，可以看到整座圆土楼被分隔成黑白相间、气韵生动的一幅图案。坐在室内往外望去，虚与实，明与暗在不断重复、跳动，仿佛在欣赏一首充满动感的欢快乐章。

看见二宜楼，不禁会使我们联想到古越女狂欢曼舞时飞快旋转的筒裙。静止与飞动，阳刚与阴柔，现实与想象，精神与物质，在此达到了和谐的统一，于是建筑文化也就获得了炉火纯青的升华。

气韵生动：乐章的节奏与韵律，乃建立于既有重复又有变化的对立统一基础上。二宜楼之所以具有强烈的节奏感，在于单元组合、楼房开间、隔扇门窗、扇形腰檐的不断重复，重复到一定程度之后，忽然代之以门洞开间，给人以一种峰回路转的新鲜感觉。

浓淡两宜：二宜楼外墙不加装饰，墙面斑驳灰淡，而屋顶深黑隆重，底层墙基以砾石、碎石堆砌，显得交错繁复，大门则用花岗岩白色条石细砌，显得简洁流畅。门额石匾勒“二宜楼”三个楷书大字，每字40厘米见方，近赵体而无柔媚之姿，类瘦金体又稍显峻拔，以“二宜”的特殊寓意和凝重秀丽的书法而被收入《中华名匾》一书中。在这里，灰的雅致，黑的深沉，白的高远，巧妙地交织在一起，给人以欣赏、研究、思考、想象的广阔天地，感受到一种不可言传的博大深厚的情怀。

繁简有度：祖堂的精雕彩绘，隐通廊板壁的简单拼排；石刻的细密浮雕，中心院落的天然鹅卵石铺列，处处显示出繁如茂林修竹、密不透风，简如疏枝横斜、空濛灵透。可谓疏密得体，浓墨溢彩；繁简有度，蓬荜生辉。

动静互补：二宜楼以楼门对祖堂为中轴

图5-6 正门纵深
二宜楼的大门和两个边门的门洞都用花岗岩条石砌筑，异常牢固。从拱券顶石门的门洞往里望，庭院深深深几许?只见直径50余米的过道与中心庭院深远而又层次分明，一对摩托车隐约可辨，显示土楼人家有的生活已上小康水平。

a

b

图5-7 石柱楹联

在一单元“透天厝”的明间方形石柱上，镌刻着这样一副楹联：“瑁山紫气凝彩映堂前百丈；河水清声远泽滋函内千年”，落款：“兰溪黄时敏题”，并有两个印章。

线，讲究均衡稳定与一般建筑无异，但南北边门却错开，不对称直通。传说当时大地村住有蒋姓和刘姓，一个风水先生乘机钻营，对刘家说，蒋家大楼的边门直对刘家的祖坟，如箭上弦，刘家会断子绝孙，若给一千两银子可以避免。旋又对蒋家说，边门对直，子孙会出耳聋，给两千两银子可以破煞。最后二宜楼的边门错开了一个开间，风水先生白白捞走了二千两银子。这传说是真是假，我们且不理论，而通常认为，守恒是静，变化是动，二宜楼的总体艺术结构特色是："静如处子而飘逸，动若惊鸿而凝重。"

a

b

图5-8 淡墨、彩色壁画
二宜楼内有数十幅淡墨与彩色壁画，这在中国土楼世界中是极为罕见的。左幅为一幅"八仙"壁画，不着色，笔墨潇洒，神态逼真；右幅为仿条幅彩色壁画，描绘花卉鸟石，对联为："南海飞遥天乐近；西方自在法轮新"。

六、精妙构思，别出心裁

艺术的生命在于承旧立新，别出心裁，最忌千篇一律，单调死板。优秀的民居建筑更应具有自己鲜明的个性特色，即性格、品格和风格的和谐统一。

性格：源自大自然与社会背景对建筑文化的影响。地理、气候、物产等自然因素，青山、绿水、黄泥、赤木、黑石等基本色调，赋予二宜楼朴实敦厚的自然性格。不畏山菁林密、溪流险恶、古多伏莽、易于藏奸的人文环境，又塑造了它阳刚、粗犷的社会性格。它上接青天，下连大地，雄踞于明山秀水间，充满着人类坚强意志和磅礴气魄的张力。

品格：在古代，民居的等级、规格、标准、形制，无一不受到社会地位、等级秩序、传统观念、文化规范的影响和制约。如洪武十七年规定："庶民所居，堂舍不过三间五舍，不许斗栱、彩色雕饰。"到了明代后期，

图6-1 中心院落

图为楼内一个公共活动的中心院落，用鹅卵石砌成，占地600多平方米，广场上有两口古井，均匀地矗起许多石柱，可晾晒谷物、衣服，周边走廊略高，整体显得宽阔明亮、舒适卫生。

图6-2 三层内通廊与楼梯

各单元一至四层都有楼梯相通，一至三层还设有内通廊，二、三层内通廊外面又有窄窄的木挑廊，形成全楼一圈细长的小阳台，之间设有许多门窗，便于通风采光，内外通透。

政治腐败，“俗子官仪”，漳州随着海上走私活动的发展，富人都建造豪华的府第高楼。二宜楼源承明代“小苏杭”月港的自由空气，敢于冲破封建“礼仪”、“习俗”、“法式”、“规制”的束缚，塑造规模宏大、局势壮阔、气魄英鸷、笑傲苍穹的历史文化品格，轩昂高贵，绝俗超群，万里挑一，弥足珍贵。

风格：不同地区、不同民族、不同历史时期都有不同建筑的时代风格的区别。二宜楼的风格既源于传统土楼文化的长期积淀，又缘于当时民间建筑大师聪明睿智的精妙构思与别出心裁。走进二宜楼，我们可以看到它既有北方的厚重之风，又有闽南山村的清急之气，朴实淡雅，华丽内藏，雄奇之中见柔媚，细腻之中见豪放。

性格、品格、风格互相因应，有机结合，构成了二宜楼鲜明的个性特色，焕发出引人入胜的感染力量。

平面特色：远在新石器时代中晚期，中国黄河流域的木骨泥墙房屋，大多呈方、圆两种形状，一般宽三、四米，最大圆屋直径不过六米。商周以降，民居受封建礼俗影响，圆屋式微，官制“前堂后寝”模式却一花独秀。毫无疑问，圆土楼是对几千年陈陈相因的民居“法式”的重大突破。而二宜楼的建筑平面，在福建圆土楼中又别树一帜。它既与永定、南靖的内通廊式不同，其楼房内侧没有通敞的内走廊；又与平和、诏安的一律小开间的单元式

图6-3 祖堂全景/上图

四层祖堂正中悬挂二宜楼创建者蒋士熊夫妇画像，画像形象生动，栩栩如生。柱上刻有楹联两副："倚杯石而为屏，四峰拱峙集邃阁；对龟山以作案，二水潆洄萃高楼"等，形象地描绘了二宜楼与周围明山秀水的关系。

图6-4 悬梁吊柱/下图

四层祖堂梁架与一般土楼的抬梁式木结构不同，采用的是悬梁吊柱法，梁柱斗栱由夯筑泥墙承重。其华丽装饰表现古人追求"三世同堂"、"五代其昌"的热烈气氛，与乾隆盛世崇尚奢华之风相符。

迥异。它是由四个开间组成一个单元，独户楼梯上下，单元之间有防火墙相隔，“透天厝”（闽南方言，即“有天井的平屋”）大门与中心院落相通，四楼每家的后门与隐通廊相连，单元之间既有联系又有分隔，内外通透。这种建筑平面在福建土楼中是绝无仅有，即使用现代建筑设计的观点来衡量也是十分合理和适用的。

空间特色：二宜楼单元空间的划分也显得独具特色。全楼由四层的外环楼和单层的内环屋组成，共分52个开间，除门洞和祖堂外，均匀地分十二单元。只因风水关系，有一个单元五开间，另一个单元三开间。

二宜楼的室外空间层次分明：进入大门或边门后，走过通道，便是占地600多平方米的

图6-5 祖堂梁架
图为四层祖堂中梁细部，取材宏大，雕刻精细，彩绘生动。其装饰是全楼的重中之重。由于此处是蒋氏土楼人家举办娶亲喜庆的地方，所以梁架都漆金饰画，显示“乡饮大宾”气派。

图6-6 三层木挑廊

外环楼内侧挑出一道窄窄的木挑廊，是二宜楼在构造处理上的一个特色。令人惊异的是，不知出于何故，在木挑廊上还夯上一层薄薄的三合土。在夕阳的辉映下，构成了一幅相当壮丽的图画。

图6-7 抱鼓石
底层祖堂入口处置有一对青石雕成的抱鼓石，高1.3米至1.4米，勒刻吉祥物象征富贵幸福以及如意锁、游龙戏珠等纹样，底部镌刻神犬、青蛙等，暗寓祈求“多子多孙多福”的愿望。

中心院落，院内有水井两口，这里是人们户外活动和人际往来的共享空间，也是晾晒粮食和衣服的公共场所。对楼外人说来，这些共享空间已初具家族的秘密性，而各单元又使家庭的私密性得到了加强，至于那些分布于外环楼下三层的卧房则是夫妻和个人的封闭小天地。这种私密性层次的变化，生活秩序的合理安排，满足了人们对居住环境情调的不同需求，获得了建筑设计上对一种理想追求的成功。

二宜楼的室内空间布局也独具一格。进入单元门即内环平房是入口门厅，左右两侧分别是厨房、仓库与过廊，围合成一个扇形的别致小天井，小天井与过廊以透空的木隔扇分

图6-8 室内情调

各户的室内布置也很讲究，红木家具，雕屏画幅，古色古香，尤其是清制古床，透雕许多人物、花草等吉祥物，上下左右暗藏许多抽屉，可以贮藏衣物，替换十分方便，别有情趣。

隔，踏步与庭院用花岗条石铺砌。石架上几盆山花招展，暗香浮动。底层楼梯斜依纵墙，到二、三层转为横向，分两段登上四楼。穿过天井和过廊即进入外环楼。外环楼底层是客厅与卧室，二、三层均为卧房，四楼是大空间的祖堂，中间奉祀各户自己的祖先。把祖先牌位放在高高的顶层也是二宜楼特有的布局。

构造特色：在结构布置与细部处理上，二宜楼也与众不同。不论是外环墙、内环屋，单元之间的纵横墙都以夯筑的土墙承重、分隔，整座土楼构造的整体性、牢固性与防火隔声功能都比只设外环墙的木构通廊式土楼好得多。

更为别致的是在二、三层各单元的内通廊上，又伸出窄窄的木挑廊，形成全楼一圈细长的阳台，也是福建土楼中罕见的构造处理。顶层的内通廊，在腰檐上设整排的窗扇，窗台加宽可供晾晒贮物。窗扇关闭自成内走廊，开启则室内外通透，似关非关，似隔非隔，也是别具匠心。

装饰特色：祖堂又名“中厅”，位于正对楼门的中轴线终端的显要位置，底层大厅习惯办丧事，四楼大厅办喜事，装饰是全楼的重

图6-9 单元小天井/对面页
每个单元的“透天厝”都有一个扇形的小天井，全部用花岗岩条石铺砌，十分牢固美观。天井周围的廊柱布局也与四合院的方形柱网不同，呈扇形排列。石架上几盆山花招展，暗香浮动，令人陶醉。

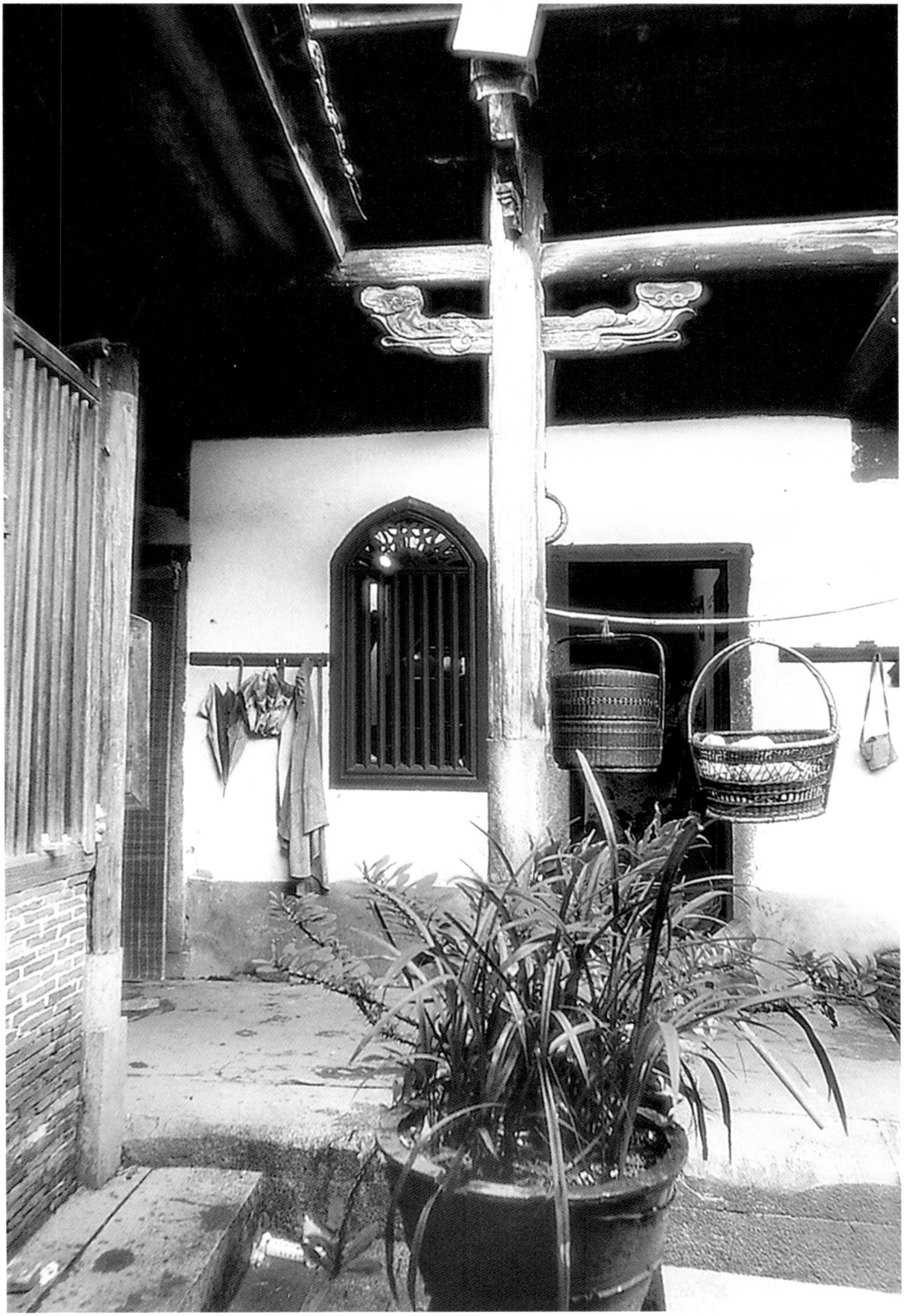

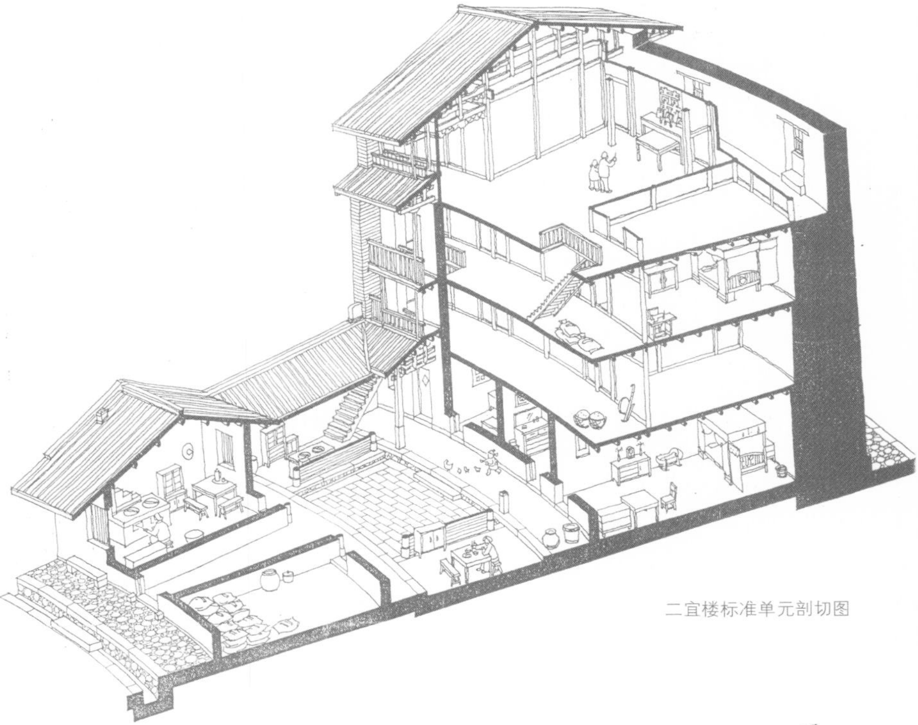

二宜楼标准单元剖切图

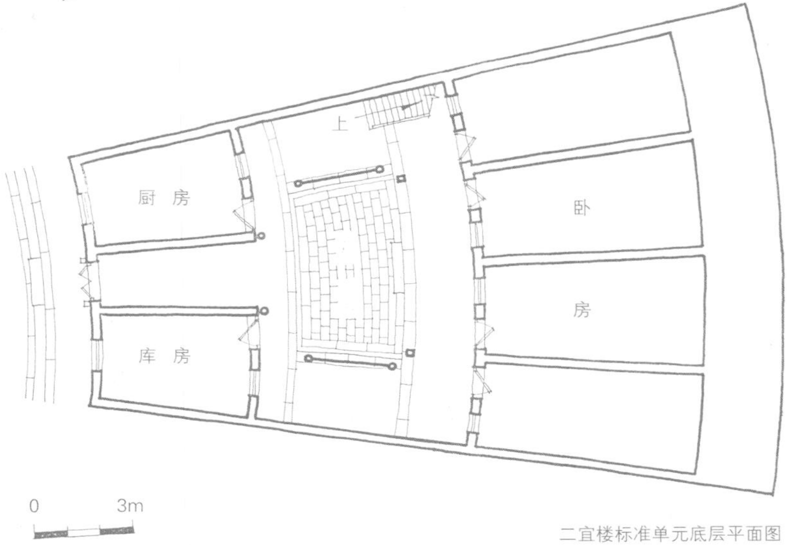

二宜楼标准单元底层平面图

图6-10 二宜楼标准单元之剖切图和底层平面图

图6–11 二宜楼大门进厅一角

中之重。取材宏大而雕刻精美的梁柱斗栱，生动逼真的华丽彩绘，对仗工整、意境清新的楹联，栩栩如生的肇基祖蒋士熊夫妇画像，表现了土楼主人高层次的文化品位和审美情趣。底层大厅门口一对青色抱鼓石，勒出如意锁、四龙戏珠等吉祥物，底部石础刻出神犬、青蛙等浮雕，突显出祈禳富贵幸福、子孙繁衍的民间信仰。十二单元入口的半掩门门礅（转轴顶枢）也刻出诸如龙凤、寿桃、雄狮等装饰物，其余建筑细部精美且富文物价值者甚多，妙处正在庭院深深，流光溢彩。

七、融洽的邻里之间

走进二宜楼内，我们看见孩子们在公共场所上嬉戏追逐，妯娌婆媳们坐在家门口长凳上与邻居话家常，笑语声喧，邻里之间似乎特别的亲热。据蒋士熊的第九世孙蒋承侨先生介绍，大家都是蒋士熊的后代，一本所出，身上流淌着祖先的热血，同楼共居，出入相见，虽立门户，实为紧邻，亲疏无几，自应和睦相处。20世纪30年代那场同室操戈、兄弟阋墙的悲剧，大家记忆犹新，痛定思痛，加倍珍惜血缘亲情此一维系家庭与邻里之间的纽带，更加自觉地遵循古训。他们有着不成文典的规约，作为子孙流传共同遵守：

一、往年购买楼门口溪埔良田四亩二分，充作二宜楼修理之用，设专人轮流管理，账目公开，不许侵吞（后废）。

二、各房房屋不准买卖，只许房亲借住。

三、喜事请客，各宜量力而行，楼内人宴请楼内人，概不得收“红包”。生下男孩，满月要送一碗“红圆”（汤圆）给邻居；满四个月，要特制直径约三十厘米的两块大饼，切成碎块，由母亲或祖母抱着婴儿到楼内人家逐户去送，称之为“乞爱”。

四、丧事由房亲协助，全楼帮忙。

五、对“红”、“白”之事，由大门进出，娶亲到四楼公共祖堂祭祖，楼下公厅办理丧事。

图7-1 “分饼”、“乞爱”/上图

二宜楼人既是宗亲，又是紧邻，邻里关系十分融洽。每逢男孩诞生后满四月，要特制直径约30厘米的大饼，切成细块，由母亲或祖母抱着婴儿到各户去送，叫作“乞爱”。图为“乞爱”的热烈场面。

图7-2 圆土楼来了新娘子/下图

二宜楼人是清雍乾年间漳州华封山区伟大的建筑师蒋士熊的后代，他们在这中国民居第一楼内繁衍生息了二百多年。图为娶亲队伍一角。新娘后的“新娘好伴”扛着一根甘蔗，寓意今后小两口生活比蔗糖还要甜。

六、同姓不准结婚，独生女允许招赘。

七、村中族人有难相投，楼内人应热情接待。

八、大门、中厅、南北边门等公共场所，由各户轮流打扫，保持清洁。厅门通道不乱堆放东西，厕所、猪牛栏一律建在楼外，匪警时猪牛方许牵入楼内。楼外沟渠，每年至少清除杂物一次。端午节那天为掏井日期，楼内人共同清理。

九、每年逢二月初三、六月初三，为“中厅公妈”（蒋士熊夫妇）生日，十月二十五、五月十九为其忌日，宜共同祭祀。

十、民间信仰主要是崇拜玄天上帝、清水祖师，岁时活动，各户自行安排。

图7-3 土楼夜景
这是一个庆祝丰收、放映电影的夜晚。天气晴朗，明月高悬，楼内灯火通明，楼内人聚集在中心院落欣赏银幕故事，楼外乡亲也三五成群来相会，热闹非凡，呈现一片升平祥和景象。

图7-4 大龙幡旗

每当节日到来，蒋姓族亲都从四方八面聚集在二宜楼前举行盛大庆典，以祭祀蒋氏先祖。他们抬着精美的辇轿，举着高高的红色大龙幡旗在乡间游行庆祝，显示他们永远是“龙的传人”。

图7-5 民俗活动（敬神）/后页

为祭祀玄天上帝和蒋姓先祖，每年三月初三日，蒋姓族亲和楼内人家都备丰盛祭品在二宜楼前举行祭祀活动。人们在供桌前烧香燃纸，虔诚膜拜，祈禳富贵平安，年丰人寿，福泽绵长。

到二宜楼品味生活，听蒋老先生侃楼居习俗风情，如坐春风，如饮香醇，深感民风之淳朴，人情味之甘美。究其原因，首先是“大集体、小自由、外围护、内单元”的圆土楼整体布局，造就了睦邻友好、谦恭有礼、尊老爱幼、休戚与共的集体意识和人际关系。孕育出维系中华民族几千年繁荣不衰的伦理精神，形成祥和欢乐与遵法守纪共存的大圆土楼文化。其次是接受民国那场萁豆相煎、土匪乘机而入的教训，事事以团结友爱为重。再次是注重血缘亲情辐射的影响，及时弥合家庭争端，化解邻里之间矛盾，发挥亲情在人际交往中的润滑作用。从而使“千金难买好邻居”这句名言，成为二宜楼人的座右铭。

图7-6 辇轿

仙都现有精美迎神辇轿15顶。辇轿由轿盘、轿座、轿顶等组成，高2米余，宽近1米，轿座以下呈正方形，轿顶二层为八角出檐状。整顶辇轿均有镂空人物、走兽、花草图案，单单轿顶的木雕漆金人物就有100多个，堪称“中华一绝”。

八、关于圆土楼的遐想

二宜楼的建筑艺术构成了一个完整而独特，极有观赏价值和文物价值的审美文化系统，在建筑艺术与建筑文化史上应占有一席之地。著名福建民居研究专家黄汉民先生认为："二宜楼是福建圆楼中形式独特的一个实例，其建筑平面与空间布局独具特色，它的防卫系统构思独创，构造处理与众不同，建筑装饰精巧华丽，而且山水环境宜人，人文景观丰富，可谓土楼中不可多得的珍品。"二宜楼独特的风姿是福建传统文化的一个典型展现，它不愧为福建传统民居中的一颗璀璨的明珠，它必定会在世界民居建筑之林中闪闪发光。

二宜楼在建筑学、社会学、历史学、民俗学、生态学等诸多方面都有研究价值。那么，它给建筑师哪些思考呢?至少有这样几点：

思考之一。民居建筑所具有的民族性、地域性、乡土性、稳定性，决定着民居的类型、形式、结构、品格和风格的千差万别，以及其演变的速度、走向、价值与兴衰。二宜楼作为雍乾之际福建民居的一个典型杰作，表现了一种出类拔萃的成功与完善，给人们以极高的观赏价值和研究价值。

思考之二。福建土楼的主要材料是泥土、石头与木材。随着花开花落，斗转星移，物是人非，楼老楼毁，一切又恢复原状。这种"源于自然，回归大地，不污染环境"的优点，对于保护人类居住环境，保护人们身体健康，给子孙后代一个干净的绿色世界，值得深思。

图8-1 “陈百万楼”

在沙建镇汰内村北山边南侧，楼呈圆形，俗称“陈百万楼”。因年代久远，饱经沧桑，楼房已毁，只剩一圈外环墙，爬满薜荔，显得异常苍凉，却又那么倔强，大有笑傲苍穹之势。

思考之三。民居建筑有其自然属性，更有其历史文化积淀，从而形成自己的传统。蒋士熊及其子孙们在处理建筑文化上继承与超越、循常与创新、物质与精神、现实与理想、建筑与环境、局部与整体、家庭与社会、个人与集体、自由与纪律、生活与礼仪等等诸多错综复杂的关系，有许多成功的经验，显然也是值得研究的。

思考之四。新材料、新结构、新工艺固然能给建筑师以越来越大的自由，但并非无违无碍，可以随心所欲。用水泥和钢材等材料建成的高速公路、水坝、桥梁、摩天大楼、核电站等像雨后春笋般地在世界城乡发展起来，似乎可以惊天地而泣鬼神，然亦有隐忧，就是钢筋水泥建筑也有锈蚀顽症，到目前为止还没有对付这些化学反应的好办法。而二宜楼用泥土夯筑的伟岸墙体，虽历经沧桑，饱受二百多年风雨的侵蚀与地震、钢炮的摇撼，却安然无恙，风姿绰约。当然，我们如是说，并非提倡今日之民居建筑不论天南地北都要用生土建筑，而是说中国古代民间建筑师的聪明才智以及他们手创的建筑艺术珍品，足以使天地欢笑，山川高歌，炎黄子孙也完全可以把酒临风，引以自傲。

图8-2 巨石建材

图为北山边“陈百万楼”断墙残壁的一部分。可见几百斤重的巨大鹅卵石被当作建筑材料，和泥砂黏土混夯成外环墙，有的巨石高达五六米，实在令人吃惊，可见明末清初华安建筑工艺之精。

华安二宜楼维修年表

朝代	年号	公元纪年	大事记
清	康熙四十一年	1702年	太学生蒋士熊选择二宜楼地址，购买土地，移山改溪，平整土地
	雍正十三年	1735年	蒋士熊建造玄天阁，二宜楼动工
	乾隆八年	1743年	蒋士熊逝世，子孙承志续建
	乾隆三十九年	1774年	二宜楼落成
	光绪三十年	1904年	二宜楼局部焚于火，由楼内居民以及海外亲人集资修建，形制如旧，一直延续至今，始终保存乾隆时期始建原貌

（参考文献：王其钧：《中国民居》；黄汉民：《福建土楼》；华安县博物馆编：《民居瑰宝二宜楼》）

（本文承蒙张长岩、黄元德、刘炳南、童火钿、李友武、蒋福美、蒋承侨先生的支持和帮助；华安县文化馆林艺谋先生提供了近50幅珍贵的摄影艺术作品，特此致谢）